好书金句

李海峰　李　耀　栗掌门 ◎ 主编

华中科技大学出版社
http://press.hust.edu.cn

图书在版编目（CIP）数据

好书金句/李海峰，李耀，栗掌门主编. -- 武汉：华中科技大学出版社，2025. 3. -- ISBN 978-7-5772-1648-5

Ⅰ. B848.4-49

中国国家版本馆CIP数据核字第2025Z2M666号

好书金句
Haoshu Jinju

李海峰　李耀　栗掌门　主编

策划编辑：沈　柳
责任编辑：沈　柳
封面设计：琥珀视觉
责任校对：程　慧
责任监印：朱　玢

出版发行：华中科技大学出版社（中国·武汉） 　　　　　武汉市东湖新技术开发区华工科技园	电话：（027）81321913 邮编：430223

录　　排：武汉蓝色匠心图文设计有限公司
印　　刷：湖北新华印务有限公司
开　　本：880mm×1230mm　1/32
印　　张：8
字　　数：193千字
版　　次：2025年3月第1版第1次印刷
定　　价：55.00元

本书若有印装质量问题，请向出版社营销中心调换
全国免费服务热线：400-6679-118　　竭诚为您服务
版权所有　侵权必究

编 委 会

龙妈（P002）

戚谦（P008）

Joy（P014）

何菲（P018）

雅伟（P023）

蒋思瑶（P060）

玖月（P064）

安然好瑜伽（P074）

陈美艳（P081）

童留（P087）

李志德（P088）

黄仁杰（P091）

卓然（P116）　　周俊辉（P128）

郑河珍（P136）　　开心（P155）　　乔慧萍（P169）

七哥（P171）　　欧阳丽辰（P177）　　黄露（P179）

李焱（P203）　　刘美（P208）　　千百合（P209）

悦平（P211）　　郑钱（P231）　　阿蔡老师（P243）

序 言
PREFACE

每个推荐人推荐 1 本对自己影响深远的书,并且选出几个对自己最有价值的句子,汇集成了这本《好书金句》。

它的内容丰富多样,涉及范围很广。

习惯看短视频的人,因为短视频平台算法等原因,一般只能看到自己喜欢看的内容,信息茧房现象越来越严重。为了摆脱这种现象,我常常会去线下图书馆和书店看看,总能有意外的发现。《好书金句》这本书相当于把一个小型的图书馆搬到你面前,让你用更短的时间接触更多的书,然后从中找到自己感兴趣的书去深入阅读。

它排版美观简洁,方便随意书写。

很多人看书求数量、求速度,但对于这本书,我不求你从中获得的知识足够多,而是希望它能启发你的思维。我们留下足够多的空白,让你书写。你可以通过抄句子,和自己的想法产生联结,然后把自己的感悟记录下来。你通过别人的书、别人写的句子,影响自己的思维,提升自己的认知。

它传承优秀文化,促进思想碰撞。

所有的金句都来自正式出版物。通过本书的推荐,这些图书增加了曝光度,提高了影响力。打开《好书金句》这本书,你会发现,一个精彩的世界出现在了你的面前。

这是我主编的第 3 本有超过 200 个推荐人的金句系列合集图书。工作量巨大,价值同样巨大。在此,要特别感谢华中科技大学出版社的各位领导和老师们的支持。

对这本书，我按照 8 个主题进行了分类，分别是**人脉、工作、休闲、家庭、学习、理财、健康、心灵。**

有些人物质富足，但精神匮乏；有些人精神富足，但物质短缺。

希望大家过上"富中之富"的人生，这是我对本书读者的祝福。

独立投资人

畅销书出品人

贵友联盟主理人

李海峰

2025 年 2 月 15 日

免责声明

  本书中的推荐人二维码是为读者和推荐人互动提供便利,本社不为推荐人提供背书。读者和推荐人在互动的过程中请注意甄别,防范风险,如因互动产生损失,由各自承担。

每个人都要有"配得感",因为我们值得更好的人生,值得被爱,值得拥有更多,值得更多的可能性。

赠人玫瑰,手留余香,为别人点亮蜡烛,最先被照亮的是我们自己。

人活着,有的事情需要欠人情,麻烦别人……

好书推荐:《精准社交》 唐保丽 / 著

推荐人:龙妈
畅销书出品人,聚会促动师,
知识创富教练,心理咨询师。

财富 = 价值 × 杠杆 × 时间。

敢于直面真相，才能基于真相，做出正确的决定。

你的目标越是让你感觉舒服，达到的可能性就会越高。

好书推荐：《富而喜悦》唐乾九 / 著

推荐人：武爱荣
富而喜悦天使出品人，财富流教练，
明日之星引导师。

改圈子，你才更有可能实现突破。走出去，你才更有可能遇到贵人。

要想常遇贵人，你得是个懂得感恩的人。

我们要持续成长，成长为一个对别人有价值的人。

好书推荐：《一年顶十年》剽悍一只猫/著

推荐人：钱伟
心理咨询师，财富规划师，
帮客户解决问题的有温度的保险经纪人。

一个人之所以被另一个人记住,是因为这个人跟他人有所不同。

你越真、越强,主动找你的同路人就越多。

要想获取铁杆粉丝……必须让粉丝能在你这儿获得他要的解决方案……

好书推荐:《1000个铁粉》伍越歌/著

推荐人:悠然
无痛早起诵读达人,线上书房铁粉体系联合创始人,悠然读享社创始人。

人都是喜新厌旧的。你要学习苹果公司，不断推陈出新。

在其位，谋其政，这是做正事。

你经常输入什么，你就会成为什么。

好书推荐：《明智创富指南》李海峰 / 主编

推荐人：伊萧

家庭教育指导师，青少年心理指导师，全美瑜伽联盟 RYS 瑜伽认证老师。

经常送礼物。通用法则：一本经典图书 + 一束鲜花。

最好的社交方式就是大家一起做事，共赢。

每个人都需要被看见、被欣赏、被温暖、被珍视。

好书推荐：《牛人创富心法》晴山、洛柒 / 主编

推荐人：阿浩
企业管理咨询师，企业 AI 营销顾问师，表达创富教练。

如果你每天捐1元钱，天天做，也是一位了不起的慈善家。

行善劝善、钢子"壹起捐"、慈善纯公益的全民慈善理念……

从"全民慈善"到"以商养善"。

好书推荐：《百炼成钢》杨阿里 / 著

推荐人：戚谦

SXT（善行团）·9055·1号成员，新农人"蔚善农香"品牌出品人，资深保险人。

人都是喜新厌旧的。你要学习苹果公司，不断推陈出新。

大度的人很少，所以，与其指望别人大度，不如自己谨慎小心。

好好传承能带来幸福。作品传下去，后代很争气，学生很卓越，都是好好传承。

好书推荐：《明智创富指南》李海峰 / 主编

推荐人：一乐
生命成长咨询师，商业模式高级咨询师，
课程设计与推广研究员。

比才华更重要、更引人注目的是人脉，是资源。

贵人，就是助我们奔向成功的加速器。

雪中送炭永远好过锦上添花，要想得到，必先施予。

好书推荐：《你和谁在一起很重要》王剑 / 著

推荐人：李解
高级视力防控师，爱眼护眼知识传播者，
易学、心理学爱好者，终身成长践行者。

人脉，不是那些能够帮到你的人，而是那些你能帮到的人。

只有优秀的人，才拥有有效的人脉。

真正的人脉，本质是给予价值、平等交换。

好书推荐：《底层逻辑》刘润 / 著

推荐人：冯忆翔
培训师，自媒体人，讲师。

你最大的冒险，就是过梦想中的生活。

动机决定你能否开始，习惯决定你能否坚持。

人生最幸福的事，就是梦醒之后，真的成了梦想中的自己。

好书推荐：《早起的奇迹》［美］哈尔·埃尔罗德/著

推荐人：宋姗姗
个人成长、习惯养成陪伴教练，微习惯先锋营发起人，《读点金句》荐书官。

人生不在于做了多少事，而在于把重要的事情做到极致。

平凡的每一天的努力聚焦，累积起来就是不平凡的一生。

满足三圈交集，这就成为人生的卓越系统。

好书推荐：《高能要事》叶武滨 / 著

推荐人：姜忠勇
IT 工程师，分布式调度咨询师，
广电信号检测专家。

当下所做的事情，是否对我未来 50 年还管用？

像一个水龙头，打开阀门，思绪就自然流淌。

创造未来而不是等待未来。

好书推荐：《语音写作》剑飞 / 著

推荐人：Joy
语写 1000 天践行者，"共读语写行动营"主理人，某畅销书编委、联合作者。

最杰出的人是那些在各种有目的的练习中花了最多时间的人。

如果你没有进步,并不是因为你缺少天赋,而是因为你没有用正确的方法练习。

"边干边学"方法的一个好处是,它使人们熟悉练习的习惯,并思考如何练习。

好书推荐:《刻意练习》[美]安德斯·艾利克森、[美]罗伯特·普尔/著

推荐人:雷惠云(蕾蕾)
云思惠享读书会创始人,高端沙龙品牌教练,女性成长教练。

如果不知道要去哪里,那对它来说任何风都是逆风。

让未来的你,拯救现在趋乐避苦的自己。

先把背包扔过墙。

好书推荐:《自律上瘾》何圣君 / 著

推荐人:程朝坚(John)
大学教师,留英"海归",用英文讲好中国传统文化故事,做一名终身成长者。

不去干涉别人的课题，也不让别人干涉自己的课题。

沟通，是为了确认一些感受。

你的目标总实现不了，是因为你根本就没有开始。

好书推荐：《做自己人生的 CEO》崔璀 / 著

推荐人：邱安
职场教练，向上社交教练，
终身成长践行者，帆书翻转师。

只要你在利他的路上，在成就他人的路上，你就会得到属于自己的鲜花和掌声。

客户是没办法被说服的，只会被影响。

私域引流的重要性：没有私域就没有未来。

好书推荐：《创业创富》劳家进、夏聪 / 著

推荐人：何菲
生涯规划师，家庭教育导师，
青少年成长玩伴，终身学习践行者。

演讲的价值,以掌声验证;销讲的价值,以现金回款验证!

销讲的本质,其实是一对多的批发式成交。

接下来,尝试着把销讲植入自己的能力体系!

好书推荐:《人人都需要的销售演讲力》周宇霖 / 著

推荐人:栗掌门
创始人 IP 打造者,私域裂变发售操盘手,曾担任某省电视台编导。

没有强 IP 的私域流量，犹如流水的兵。

有核心理念的 IP，能够获得客户的深度信赖。

那些有大愿的人，都具有非一般的力量，甚至有视死如归的勇气。

好书推荐：《创始人 IP 打造 7 字要诀》王一九 / 著

推荐人：江大白
短视频变现导师，
个人 IP 商业私教。

所以说，人和书是相互成就的。

重读能唤起回忆，而回忆会唤起幸福感。

完成一个又一个学习之旅圆环，你就能持续向上、愈挫愈勇……

好书推荐：《如何有效阅读一本书》筝小钱/著

推荐人：星燃心语
资深航空人，上海市某高校心理辅导员，
心理阅读教练。

他（曾国藩）的一生是一寸寸走出来的，一点点悟出来的，一仗仗打出来的。

对于有志者来说，挫辱是最大的动力，打击是最好的帮助。

躬行强恕，降龙伏虎。

好书推荐：《寸进》侯小强/著

推荐人：思维睿智
写诗、作文29年，
自学思维导图、心理学、互联网、NLP（神经语言程序学）17年。

阅读没有早晚，争取让阅读成为习惯。

只有将阅读与沉浸式体验相结合，才能真正体悟阅读的乐趣和价值。

一个热爱阅读的孩子，就已经拥有了成为学霸的潜质。

好书推荐：《读出学习力》 红英/著

推荐人：雅伟
某"985"高校博士，《读点金句》编委会成员，红英读书会创始人，独创高效学习法。

利他的正确姿势不是无端付出，而是努力成为一个有价值的人。

假设是一切进步的开始，现实结果是最好的评判师。

我们长大后的多数烦恼都来自对自己和他人的过高期待。

好书推荐：《认知驱动》周岭 / 著

推荐人：亿书
三七读书会推广大使，
富足人生读书会推广大使，
知识变现陪跑私教。

系统化能力最重要的功能，事实上并不是"输入"，而是"输出"。

没有足够的时间、金钱、经验，反而更能激发人们的想象力和潜力。

很容易就能学会的技能通常不值钱。

好书推荐：《学会自学》纪坪 / 著

推荐人：易纯彦
太融书院创始人，
中小学书法课程标准化、规范化、体系化
建设推动者。

对于这个世界和社会，我们应该时刻保持敬畏之心。

未来的职场生态，会逐渐向"硬知识决定下限，软技能决定上限"的生态演变。

问傻问题，就是从根子上问起，不怕别人笑话，问到自己完全懂为止。

好书推荐：《软技能》刘擎等 / 著

推荐人：陈威
正心商学苑合伙人，终身成长实践者。

……打破国家的界限,用人类共同体的眼光对待世界,世界才会和平。

只要努力了,最后就算挨骂也是成功。

个性的完美呈现就是创新,因为每个人都是独一无二的。

好书推荐:《悲喜同源》 陈其钢 / 著

推荐人:李禹婵
美国茱莉亚音乐学院学生兼助教、学生会主席,
美国长岛音乐学院教师。

正如身体经常需要食物以保持健康一样，人际关系也同样经常需要营养。

如果你真正想寻求理解，就要丢掉诡计和伪善。

拥有财富，并不代表经济独立，拥有创造财富的能力才真正可靠。

好书推荐：《高效能人士的七个习惯》[美]史蒂芬·柯维/著

推荐人：汪艳军
全媒体运营师，智慧讲书人，
智慧读书会创始人，声音陪练师。

董明珠说:"我从来就没有失误过,我从不认错,我永远是对的。"

考虑他人利益,才能获得长远大利。

多年来,董明珠始终坚信:"一个有责任的人,要有敢立潮头勇担重任的大气……"

好书推荐:《董明珠》黄鸿涯/著

推荐人:王风芹
两个女孩的妈妈。
大女儿读电视编导专业,小女儿读戏剧影视文学专业。

审美是一种错综复杂的复合能力，而最关键的要素，就是喜欢你自己。

找到自己的主场，不去别人的赛道奔跑。平凡不是平庸……

在与世界相遇的过程中，你一定能收获很多美景，当然也包括你自己。

好书推荐：《真希望你也喜欢自己》房琪 / 著

推荐人：栗琦琦

短视频 IP 流量操盘手，
创始人 IP 陪跑教练，
实体线上转型顾问。

有地、有钱、有衣、有食,而且全家团团圆圆,这就是幸福。

我们在劳动中懂得了生活的艰辛,明白了幸福的真义。

用一颗慈悲之心来对待身边的每一朵花,每一棵草,甚至,每一粒米。

好书推荐:《人生没什么不可放下》宋默/著

推荐人:张凤兰
88岁的优雅奶奶,
7个孩子的母亲,
福慧双修践行者。

只要认准的事情，再苦再烦，也要坚定不移。

靠谱就是说到做到，想到做到，知道做到。

为什么要读书？曾国藩认为读书会金丹换骨，逆天改命。

好书推荐：《寸进》侯小强 / 著

推荐人：栗双喜
驾龄 30 余年的货车司机，
跳舞爱好者，两个优秀女孩的父亲。

当所有人都不看好你时,往往是你走向成功的开始。

情绪能成交小单,专业才能成交大单。但是,过于专业,又一定是成交的"天敌"!

给客户一个选你不选别人的理由,并且把这个理由,"锤进"客户的心智!

好书推荐:《人人都需要的销售演讲力》周宇霖/著

推荐人:卓为
MMT天赋中国大陆第一人,
五台山棘时行善主理人(桂),
破亿发售合伙人。

接触社会,才能增长知识和人生阅历。

不要意气用事,因小失大。

一个人在经受磨难之时,最重要的是培养强大的内心。

好书推荐:《天子与诸侯》孙立权、卢丽艳/主编

推荐人:孙博涵
善良小暖男,爱心小使者,
诚实小标兵,数学小天才。

尽管竞争的过程是痛苦的，但是它会逼着你变得更好。

创业要想成功，最重要的并非具有产品创意，而是坚持。

如果连世界都没见过，又如何改变世界？

好书推荐：《读书改变命运》郑毓煌 / 著

推荐人：郭金火
一级注册建筑师，
资深地产产品与运营专家，
心理咨询师。

真正的强者，不仅会升级自己，还会用好他人的力量，并与他人充分共赢。

人这一辈子，最重要的产品，是你自己。

人都是结果主义者，你要用很"牛"的结果去吸引他人。

好书推荐：《明智创富指南》李海峰／主编

推荐人：吴丹娟
小学英语教师，
吸引力法则践行者，
终身学习与成长践行者。

几乎所有的进步都是在放弃部分安全感的情况下才有可能获得的。

你是什么样的人，就会生活在什么样的世界。

证明自己根本不重要，成长才重要，因为成长如果成真，证明就自动完成了。

好书推荐：《财富自由之路》李笑来/著

推荐人：韦韦
007写作社群首席体验官，
"7年7个远方"特色游学活动总策划，
《金句365》主编，32岁去南极。

他（查理）更接近于我理解的中国传统士大夫。

如果你问起（你是否超出了能力圈），那就意味着你已经在圈子之外了。

如果没有终身学习，你们大家将不会取得很高的成就。

好书推荐：《穷查理宝典》[美] 彼得·考夫曼 / 编

推荐人：刘志瑞（Jerry）
商业顾问，
教育者小会创始人，
幸福家庭经营发起人，致力于教育创新。

看清世界结构有层次之分,才能区分出不同存在的高下之别。

人站得越"高",他或她的世界也就越广阔、越丰饶。

除非以自我认知为基础,否则就不可能认清"看不见的"邻人。

好书推荐:《解惑》[英]E.F.舒马赫/著

推荐人:林硕聪(大葱)
个人 IP 孵化专家,
致力于让每个人都被更好地看见。

向上学,升级自己,积累势能。
向下帮,以教为学,吸引用户。
看懂了,价值极大。

写作是"改运"级的武器,写作和不写作的人生,有着极大的不同。

被重视、被鼓励、被夸奖、被理解、被支持、被需要,是你的刚需,也是别人的刚需。

好书推荐:《一年顶十年》剽悍一只猫 / 著

推荐人:逆熵增者
读书创富教练,
个人 IP 变现导师,
坚持每日更新公众号文章达 1500 天。

行动越早，痛苦越小。

让外表和内心一样"胸有成竹"。

如果你想做出改变，你需要学会说："为什么不？"

好书推荐：《人生由我》[加]梅耶·马斯克/著

推荐人：仙子
深耕财务领域的会计师，
高级演讲培训师，
每周更新的写作达人。

好的成长是始终游走在"舒适区边缘"。

从某种程度上说，有自己热爱的事，比行动力本身要重要得多。

产生内部动机最好的方式莫过于立足于让自己变好。

好书推荐：《认知觉醒》周岭 / 著

推荐人：杨超群
30 年教龄语文名师，
学业规划师，心理咨询师，
家庭教育指导师。

专注力是一个人智力发展的基石。

冥想是提高专注和放松能力的方法。

专注力是捕获信息的关键所在。

好书推荐：《如何成为学霸》[比利时] 罗德·布雷默 / 著

推荐人：七心海棠
燃气行业管理实务系列丛书策划人，
参编燃气相关图书 17 本。

你在这个世界上存在的理由就是要找到它。

始终相信情况会改变。

每个人都想要别人的理解,这是心灵的最大需要,是一切良性交流的基础。

好书推荐:《杰出青少年的6个决定》[美]肖恩·柯维/著

推荐人:樊晓睿

全优中学生,爱画画(作品被选入《中国国际少儿美术年鉴》)和弹钢琴(英皇八级)。

任何人，想要赚钱，都得要有产品。

想要经营好他域，就要利他，而且一定要坚持做时间的朋友。

销售变现 = 产品 + "摆摊" + "吆喝" + 交付。

好书推荐：《创业创富》劳家进、夏聪 / 著

推荐人：财神源
短视频 IP 流量操盘手，
资深闲鱼电商变现玩家，
已打造超 20 个创始人 IP。

人具有自我完善的天性，而阅读是完善自我最好的方式。

能发现并提炼出核心点，是读懂一本书的标志。

我们要尽量做到无目标不阅读，无兴趣不阅读，无问题不阅读。

好书推荐：《猎豹阅读法》吴珊珊 / 著

推荐人：竹海
社会工作师，心理咨询师，
高级家庭教育指导师，高级注意力训练师。

你不会被人工智能取代,但你也许会被使用人工智能的人取代。

我们不能让完美主义阻碍我们前进的步伐。

我们的自信来自对万物协同工作方式的明确理解。

好书推荐:《教育新语》[美]萨尔曼·可汗/著

推荐人:石头老师
中高考英语名师,
英语学习规划师,
终身学习者。

制定明确的目标，可以有效地用于引导你的练习。

要想取得进步，必须完全把注意力集中在你的任务上。

你要保持动机，要么强化继续前行的理由，要么弱化停下脚步的理由。

好书推荐：《刻意练习》[美]安德斯·艾利克森、[美]罗伯特·普尔/著

推荐人：张杰（凝望星空）
某世界500强公司资深人力资源管理者，
个人成长教练，终身学习践行者。

不要等到所有的路口都同时亮起绿灯的时候才出发！

爱好是人生最好的备胎。

成长是孤独的，但行动能治愈一切。

好书推荐：《行动的勇气》 弘丹、何伊庭、俊伊 / 主编

推荐人：俊伊

易经财富能量增长顾问，
深度研习易经文化 8 年，
能量增长悦读荟主理人。

卓越之人，则在感觉到这些规则和自己的梦想与追求背道而驰时，选择质疑。

不仅仰望星空，心中有梦，且以快乐为舟，活在当下。

有时候，你必须破坏掉你生命的某个部分，才能让下一个美丽的东西进入。

好书推荐：《生而不凡》[马来西亚] 维申·拉克雅礼 / 著

推荐人：盛韵清
畅销书出品人，
个人品牌高价优势挖掘教练，
单身妈妈平台酝梦池创始人。

有一样东西你没法上网搜索,那就是你脑海里并不存在的观点。

找到一个正确的视角,是你面对任何问题时要做的第一件事。

理智战胜不了情绪,只有情绪才能战胜情绪。

好书推荐:《把思考作为习惯》 韩焱 / 著

推荐人:孙巨政
有19年经验的采购与供应链管理专家,
高级培训师,
持续阅读,"知行合一"践行者。

成长就是克服天性的过程。

面对困难，主动改变视角，赋予行动意义。

有效学习的关键是保持极度专注，而非一味比拼毅力和耐心。

好书推荐：《认知觉醒》周岭 / 著

推荐人：麦景培
国学爱好者，
陶埙爱好者，
素食主义者。

埃隆是在使命感的驱动下顺势而为，先行好事，后问前程。

人生在世不能只是为了解决问题，人必须追求伟大的梦想。

文明就是这样衰落的，因为他们放弃了冒险。

好书推荐：《埃隆·马斯克传》[美] 沃尔特·艾萨克森 / 著

推荐人：孙鹏
短视频矩阵操盘手，
家庭教育平台联合创始人。

内在世界是一切力量的源泉。

想象力是一束光,我们可以运用这束光去洞察思维和经验的新世界。

思考可以成就一个人。

好书推荐:《世界上最神奇的24堂课》[美] 查尔斯·哈奈尔 / 著

推荐人:陈彦
设计达人,
上海圣华紫竹国际私塾红旗手。

IP 怎么找操盘手？

紧跟一个大 IP。

自己做 MCN 老板，签约多个 IP。

自己做 IP。

好书推荐：《超级个体》肖逸群 / 著

推荐人：林璟
格掌门研习社学员，
IP 操盘手。

将科技产品作为完成某件事的工具来使用。

讨论处于生存模式和成长模式的区别。

游戏、创造力和自信心通过血清素循环。

好书推荐：《屏幕时代，重塑孩子的自控力》
[加] 希米·康 / 著

推荐人：梅旭英
父母游戏力讲师，
高级家庭教育指导师，
中科院阅读指导师，新余红杉悦读创始人。

父母在，我们不惧怕活着。父母走了，我们不惧怕死亡。

不要急，没有一朵花，从一开始就是花。

人要突破自己只有一条路——必须在自己擅长的路上持续走下去……

好书推荐：《等一切风平浪静》刘同 / 著

推荐人：许多
AI 创业者，
终身学习者。

一个人应该知道自己到底要什么,什么是自己最想做也最能够做好的事情。

一个人越是知道自己不要什么,他就越有把握找到自己真正要的东西。

跳出来,审视一下自己所做的事情,想一想它们是否真有某种意义。

好书推荐:《人生哲思录》周国平 / 著

推荐人:唐颢恺
有趣有料俱乐部创始人,
终身学习成长践行者。

遇事我能自我抉择。我能自行判断对某种情况应该作何反应。

我不拿自己和别人比较，而是尽我所能做到最好。

我总得很守时。我信守对他人作出的承诺。

好书推荐：《小狗钱钱2》[德]博多·舍费尔/著

推荐人：赵翊含
知遇读书会发起人，
大道风采娃，
优秀广播员。

信心叫能量,才华叫能力。没有能量,能力根本发挥不了作用。

为生命立根,为家族连根,为五福养根,为传家深造生命树根。

从前种种譬如昨日死,从后种种譬如今日生。

好书推荐:《了凡生意经》亲仁书屋 / 编

推荐人:蒋思瑶
瑶妃教育主理人,个人品牌商业顾问,
国学能量疗愈师,《读点金句》编委会成员。

真正的探索之路不在于寻找新的风景,而是拥有新的视角。

通过工作,我能够改变周围环境,让世界变得更加美好。

想要掌控痛苦的第一步就是要面对它、承认它。

好书推荐:《治愈之书》[美]劳拉·利皮斯基、[美]康妮·布克/著

推荐人:尹绍峰

尹氏中医传承人,用中医心身一体化治疗失眠、多动症、自闭症等。

大部分人都满足于他们所做的那些平凡的事。

冥冥之中觉得这便是他的归宿,是他一直寻寻觅觅的真正的故土。

我们不嫉妒也不憎恨任何人。

好书推荐:《月亮与六便士》[英]毛姆 / 著

推荐人:贾朋飞
舞美灯光设计师,创业者。

不是找到最适合自己的方向,而是拥有很多个选择。

只有你了解了自己现在的位置,你才能知道如何到达目的地。

要想活出自己的人生,对人生进行设计,就需要与他人进行合作。

好书推荐:《人生设计课》[美]比尔·博内特、[美]戴夫·伊万斯/著

推荐人:烨子
自由人生规划师,解惑咨询师,个人成长教练。

理想的状态是持续获取与自己当前能力相匹配的财富或自由。

所有痛苦都是上天给我们的成长提示。

刻苦，是一种宏观态度，轻松，是一种微观智慧。

好书推荐：《认知觉醒》周岭 / 著

推荐人：玖月
女性心力成长教练，"00后"亿级平台合伙人，真我觉醒体系创始人。

只要成为积极改变的榜样,你就能改变世界。

你会创造无比的期待,让所有人的未来更美好。

活出感恩的生命,而非抱怨的生命,就能发挥这种确保健康的力量。

好书推荐:《不抱怨的世界》[美]威尔·鲍温/著

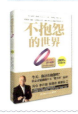

推荐人:李易遥
《行动的勇气》联合作者,天赋解读师,
心理疗愈师,收心文案私教。

用愤怒带来的力量改变自己，这才是真正的突破口。

如果旧的做法已经无效，那么重复旧的做法无异于浪费生命。

成长型思维原本就根植于我们成长与发展的过程，是每个人都具备的。

好书推荐：《幸福人生的10大真相》李中莹、舒瀚霆 / 著

推荐人：政军
陪伴个人成长，关注亲子教育，
有15年心理咨询经验，有空来聊聊。

很多人可能会惊讶地发现,呼吸可以让自己保持平衡状态。

想要在生活中保持平衡还有一个办法,那就是要保持一颗感恩之心。

请务必关注一下当你远离纷扰静气凝神时,你的感受如何。

好书推荐:《治愈之书》[美]劳拉·利皮斯基、[美]康妮·布克/著

推荐人:尹紫淇(景慧)
尹氏中医传承人,擅长养生功法。

清晨醒来，我们所能做的第一件事是觉知生命所施予我们的馈赠。

一个快乐的人，他的快乐会有利于周围所有的人。

说爱语就是以爱、慈悲和理解之心去说话。

好书推荐：《和繁重的工作一起修行》[越]一行禅师/著

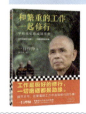

推荐人：小桥琉璃
她绽放读书会创始人，新农人。

用头脑赚钱,而不是用时间赚钱。

如果想获得内心的平和,你就必须超越对万事万物的善恶评判。

最难的不是做自己想做的事,而是知道自己想要什么。

好书推荐:《纳瓦尔宝典》[美]埃里克·乔根森/著

推荐人:柒式风
财税咨询合伙人,咨询师,个人成长教练,
多元收入设计践行者。

拥抱完整的自己,而不是永远都在拒绝负面的那一部分自己。

喜欢自己不需要条件,喜欢自己最大的考验正是当下。

每一个人的内在小孩,都要由自己去守护。

好书推荐:《不如努力爱自己》周小宽 / 著

推荐人:梦琪

手绘视觉笔记达人,AIGC(人工智能生成内容)艺术设计师,畅销书《读点金句》荐书官。

灵魂的最大挑战，是一般人看不见它的存在，误认为身体便是我。

命运可以改，但是只能自己改，别人无法帮得上忙。

改变习惯，是改运的最佳策略。习惯一改变，运气就跟着不一样。

好书推荐：《我是谁》曾仕强 / 著

推荐人：可然
畅销书出品人，传承国学智慧者，
用《易经》改变人生的实践推广者。

苦难本身毫无意义,但我们可以通过自身对苦难的反应赋予其意义。

那没能杀死我的,会让我更强壮。

知道为什么而活的人,便能生存。

好书推荐:《活出生命的意义》[美]维克多·E.弗兰克尔/著

推荐人:川姐
天赋解读导师,潼语文化咨询创始人,上海财经大学硕士。

真正独立的人的心理是有弹性的，他们有能力爱别人，也允许自己被爱。

原生家庭是一面可以照见自我的镜子，在镜中，我们能看到真实的自己。

关注当下，享受属于自己的每分每秒。

好书推荐：《自渡》墨多先生/著

推荐人：汤校长
书法机构创始人，中高考心态提分专家。

瑜伽科学的目的就在于找寻平静的心灵……

人类首要的职责就是保持身体的健康,否则他的心灵就无法虔诚地专注。

瑜伽毋庸置疑是最完美且最合适的身心融合方式。

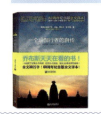

好书推荐:《一个瑜伽行者的自传》[印]帕拉宏撒·尤迦南达/著

推荐人:安然好瑜伽

修行传授瑜伽21年,中国一级瑜伽裁判,美国瑜伽联盟RYT认证瑜伽导师。

心理治疗的重点就在于理解真正的自己。

改变往往是"循序渐进地酝酿,又出乎意料地发生"……

自由并不在前方,而是在我们的内心深处。

好书推荐:《也许你该找个人聊聊》 [美] 洛莉·戈特利布 / 著

推荐人:余蒙霞
内心温暖的心理咨询师,独抚妈妈的支持者,
终身成长践行者。

懂得如何正确地面对逆境，逆境就会成为你一生中最重要的转机。

当你的内在散发出光芒的时候，别人自然会被你吸引……

真正的心理平衡不是别的，而是让心属于自己之后的和谐……

好书推荐：《老子的心事》雪漠/著

推荐人：若水
高级阅读指导师，心理咨询师，教育博主，三一书苑联合创始人。

情绪是一把双刃剑……

不让自己为习惯或者情绪所左右的时候，你才能真正成为自己的主人。

情绪化——幸福和成功的杀手。

好书推荐：《超级自控力》弓健/编著

推荐人：杨杰
国际高级演讲培训师，销售培训讲师，
家庭教育师，实体行业销售顾问。

我们生命的根本动力是成为自己。

你的感受越是丰富充沛,你的根系就越是紧紧地深入大地中。

去审视你的每一个心念,用觉知之光照亮它的每一部分。

好书推荐:《愿你拥有被爱照亮的生命》武志红/著

推荐人:王巧莹
医疗外企高管,会计师,健身达人。

批判是最有效的削弱内在力量的方式。

做事的人的能量状态决定事情的结果。

所有改变的前提都源于看到和接纳。

好书推荐：《当你开始爱自己，全世界都会来爱你》周梵/著

推荐人：卢雪
007写作推广大使，幸福小画主理人，生命数字、玛雅天赋解读师。

沉默是不争，是不计较，是对自己负责，也是对别人负责。

选择其实很简单，往自己心里感到踏实的地方走就不会错。

珍惜眼前的温暖和关切，活出最好的自己，才是最有价值的事。

好书推荐：《一切都是最好的安排》加措 / 著

推荐人：郑珺嵘

国家认证高级减压师，五台山情绪调频院长，"爱己及它"动物保护组织发起人。

只有当我们欣赏正在拥有的东西时，才能收获生活送来的礼物。

真正的探索之旅，并不在于发现新的景色，而在于拥有新的眼光。

不论你做的事情看起来多么微不足道，重要的是你要去做。

好书推荐：《感恩日记》 [美]贾尼丝·卡普兰 / 著

推荐人：陈美艳
感恩日记活动践行者，
007 写作达人。

一个人的思想、情绪和行为，都受他内心的信念系统所支配。

信念系统是从生活经验中总结出来的处世模式……

推动或者激励一个人，就是找出他所注重的价值……

好书推荐：《重塑心灵》李中莹 / 著

推荐人：李广
冠军教练，专注于破圈、能量提升、销售培训，累计培训上千人。

对于改变而言,理智提供方向,情感提供动力。

往前看,会看到困难;往回看,会看到方法和路径。

放弃并不比坚持容易,它同样需要勇气。

好书推荐:《了不起的我》 陈海贤 / 著

推荐人:大卫飞思
国家认证心理咨询师,心理科学传播专家,
在喜马拉雅坚持每日更新长达两年。

学会及时翻篇,不是忘记过去,而是放下包袱。

总要热爱点什么吧。

倾听内心的声音,让心灵得到滋养。

好书推荐:《人生不要太着急》 老纪先生 / 著

推荐人:崔如秀
高级讲书人,瑞书房合伙人,道合文化联合发起人,投资自己领读人。

相信即疗愈。

我们永远都是自己的首席疗愈师。

真正的疗愈师，只是在协助我们的身心进行自我疗愈。

好书推荐：《生命中的所有，都是为你而来》
[美]安德烈·莫瑞兹 / 著

推荐人：章子康
生命疗愈师导师，无我派生命疗愈、
生命圆满十项创始人，畅销书出品人。

恐惧来源于不够强大的自己。

我们的经历和境遇都是对自己有利的……

天才和成功人士的成功来自专注，也就是意念集中。

好书推荐：《世界上最神奇的 24 堂课》
[美] 查尔斯·哈奈尔 / 著

推荐人：于蓉
百万种树活动发起人，齐白石第四代传承人，五台山善护念书院创始人。

那些想要成功的，赢得很多。那些害怕失败的，失去很多。

教练的本质是培养觉察和责任感，并促使自然学习能力的激发。

寻找意义和目的的最大一步就是要认识到，你的当下就是机会。

好书推荐：《高绩效教练》[英] 约翰·惠特默 / 著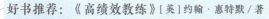

推荐人：童留
咨询师 IP 优势教练，咨询师影响力联盟发起人，某畅销书联合作者。

接纳自己的不完美，才是你内心产生力量的开始。

用心来演讲，你是什么样子，你就接纳你自己，不要和自己对抗。

财富不是钱，财富是一个人的思想、经历、胸怀和爱。

好书推荐：《从伤口里爬出来》崔万志 / 著

推荐人：李志德
励志演说家，招商演说导师，自媒体博主，在全国各地演讲 200 余场。

人生的目的就是提高心性，磨炼灵魂。

自己的内心不予呼唤的东西，绝不会来到我们身边。

全力以赴，把眼前的工作做好、做完美，这就是最好的心灵修行。

好书推荐：《心》[日]稻盛和夫 / 著

推荐人：邓茗仁
事业方向指导师，
指导案例超过 300 个。

会识人，你可安身立命于人世中；会读懂人心，你将出类拔萃于任何领域。

抗压力最强的是黄色性格，就事论事，藐视情绪。

好书推荐：《性格色彩识人》 乐嘉 / 著

推荐人：於峰
国家二级心理咨询师，宁波市首批家庭教育专家。

别人看得到,你为什么看不到?

"有想法"最大的门槛是开始"想"。

别让情绪主导你的思维走向。

好书推荐:《思考致胜》黄仁杰 / 著

推荐人:黄仁杰
专注于临终关怀、安宁疗护,生命教育培训师,心理学硕士、博士生导师。

想要得上等风水,就一定要家庭和睦。

不能思人恩德,想人好处,我们就会中"五毒",怒恨怨恼烦。

常怨的人心中装垃圾,装不下福报。

好书推荐:《你是自己命运的设计师》秦东魁/著

推荐人:陈思希
资深幼少儿英语老师,英语启蒙规划指导师,
有英语八级和高级口译证书。

所谓"极致的幸福状态"其实也就是我们身、心、灵完美交融的快乐体验。

最简单、最直接、最便宜的施舍就是对人微笑,即"颜施"。

其实有的时候,生活比故事更加吸引人。

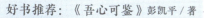

好书推荐:《吾心可鉴》彭凯平 / 著

推荐人:崔译文
7 年阅读推广人,心理疗愈师,
水晶工作室主理人。

一切福田，不离方寸；从心而觅，感无不通。

从前种种，譬如昨日死；从后种种，譬如今日生……

道者曰："造命者天，立命者我；力行善事，广积阴德，何福不可求哉？"

好书推荐：《了凡四训》袁了凡/著

推荐人：木子
互联网营销师。

每个时刻都是新的开始……"当下"永远是力量的源泉。

你的大脑是一个可以按照自己想要的方式随意使用的工具。

从一个成功走向另一个成功是我们与生俱来的权力。

好书推荐：《生命的重建》[美]露易丝·海/著

推荐人：子玉

高管教练，财富力疗愈师，商业咨询顾问，007全民写作大使。

最深沉的绝望中蕴含着最强大的力量。

真正的自尊不仅能看到自我，也能看到并认可别人的存在。

对于死亡，我们应该"敬畏"，但不该"畏惧"。

好书推荐：《二次成长》王瑞 / 著

推荐人：田天
国家二级心理咨询师，青少年性教育讲师，
兆山教育创始人。

傲慢真的是绝症，除非你能看见它。

人生的意义，真的不是"想"出来的，只能"活"出来。

你心中容得下多少人做家人，你在这世上的家就有多大。

好书推荐：《人生只有一件事》金惟纯/著

推荐人：燕子姐姐
家庭教育工作室主理人，
家庭财富风险管理师。

恐惧让我们没有办法和人亲密，因为焦点没有放在自己身上……

当我设定界限，能量就保留在我的内在。我不把能量丢到别人身上……

我们逃离当下，因为如果活在当下，就得和自己的恐惧正面相对。

好书推荐：《拥抱你的内在小孩》［美］克里希那南达、［美］阿曼娜／著

推荐人：乐悠

三一书苑联合创始人，女性成长实践者，家庭养育顾问。

生活中的种种事件都是为我们而发生的，而不是强行施加给我们的。

你的生活质量取决于你提出的问题的质量。

如果你能把学到的东西用于行动，那你就会成为富翁。

好书推荐：《巨人的工具》 [美] 蒂姆·费里斯 / 著

推荐人：杨博文
财税趋动商业创新设计师，股权设计专家，
天成金汇商学院资本讲师。

懂得保持"平衡"的人,才能过上理想生活。

愿你眼中有万丈光芒,活成自己想要的模样。

人生中真正的贵人,其实是自己。

好书推荐:《让热爱的一切梦想成真》李菁 / 著

推荐人:菲菲
家庭教育指导师,心灵沟通师,
生命能量智慧传播者。

我不能选择那最好的。是那最好的选择我。

错误经不起失败，但是真理却不怕失败。

使生如夏花之绚烂，死如秋叶之静美。

好书推荐：《飞鸟集》 [印] 泰戈尔 / 著

推荐人：周贝贝
浙江大学医学硕士，心理咨询师，天赋解读师，保险经纪人，生活艺术家。

一切福田，不离方寸；从心而觅，感无不通。

从前种种，譬如昨日死；从后种种，譬如今日生……

一灯才照，则千年之暗俱除……

好书推荐：《了凡四训》袁了凡/著

推荐人：郑林娜
瑶妃教育核心股东，财务负责人。

当祸来的时候，福就埋在中间；当福来的时候，祸就在里藏着。

钱是把双刃剑，给有良知的人，钱就能做善事；给智慧不足的人，钱就能造孽。

人这辈子最大的福报，就是有机缘能够帮助别人。

好书推荐：《所有发生，皆为你而来》 小焓 / 著

推荐人：蒋学奇
瑶妃教育核心股东，30 年股民。

动机无法改变,行为可以训练。

如果我没达成我的目标和我要的结果,努力再多也是白搭。

知人者智,自知者明。

好书推荐:《性格色彩原理》乐嘉 / 著

推荐人:王小雪
国家二级心理咨询师,性格卡牌大师,
瑶妃教育核心讲师。

只为成功找方法，不为失败找借口。

交易的真谛是交换价值，用别人想要的东西来换取你想要的东西。

思考最多、感觉最高贵、行为也最正当的人，生活也过得最充实！

好书推荐：《洛克菲勒写给儿子的38封信》 范毅然 / 编著

推荐人：赵天朗
距中考17天、提升300分考上高中的逆袭者，
正在拼搏的高三在校学生。

生命中，没有无法改善的关系，只有没有用心经营的关系。

如果你觉得自己怀才不遇，是因为你怀的才还不够。

接纳自己的不完美，那是自己完整的一部分。

好书推荐：《不完美，才美》海蓝博士 / 著

推荐人：潘稚薇
经营中西医门诊 20 年，拥有专业医学视角的身心疗愈师，健康管理师。

尊重天道，人生处处是道场。

百善孝为先。

懂得越多的人。越需要忍耐。

好书推荐：《曾仕强经典语录》罗浮山国学院/编著

推荐人：紫涵
QIANJIN.LIFE 主理人，
乐嘉性格色彩事业合伙人。

你的身体就是五大元素的游戏。

人类所体验的每一种苦都是从他们的头脑里制造出来的。

如果你掌握了自己的生命能量,你的生命和命运将被掌握在你自己手里。

好书推荐:《幸福的三个真相》[印]萨古鲁/著

推荐人:阿布
感觉统合师资培训师,正念感统创始人。

能量值越高，我们的人生剧本就越幸福、越欢乐。

从过去宝贵经验中得到的正面启示却可以同步影响我们的过去、现在和未来。

如果我们不改变限制本身，那再怎么学习也没有用，反而会形成新的限制。

好书推荐：《生命蓝图》 刘津 / 著

推荐人：微微
HR 咨询顾问，亲子教育指导师，专注女性成长者。

有意识地"先出后进",才能唤起良性循环。

现在准备做的一些事项或待办事项,对于你来说都是必要、合适、愉快的事情吗?

为学日益,为道日损。损之又损,以至于无为,无为而无不为。

好书推荐:《断舍离》[日]山下英子/著

推荐人:方向
注册造价工程师,有十余年咨询经验,
提供一对一陪跑服务,探索不一样的自己。

人生最快乐与最痛苦的东西都跟"爱"有关……

两性关系是成年人的游戏，带着孩子的身份，是无法获得美满幸福的。

父母自己也是独特的生命，也有自己要完成的使命，不为他人而活。

好书推荐：《家庭系统排列》 郑立峰 / 著

推荐人：杨寅
深圳伊莎兰创始人、首席导师，
央视特邀心理嘉宾，青春期问题专家。

我们人类所有受苦的根源就是不清楚自己是谁，而盲目地去攀附……

所有发生在我们身上的事件都是一个个经过仔细包装的礼物。

亲爱的，外面没有别人，所有的外在事物都是你内在投射出来的结果。

好书推荐：《遇见未知的自己》张德芬 / 著

推荐人：想念

电商高管，职场规划导师，想念的线上能量书房主理人，个人成长陪伴教练。

要想获得幸福,只有充实自己的内心,向内去寻找。

积福最好的办法是行孝道。

不为惜财,只为惜福。

好书推荐:《福慧之道》孙一乃 / 著

推荐人:张煜
国际升学规划导师。

当你忽视自己的心态时，你就是在限制自己掌控人生的能力。

当我们允许自己失败时，也是在给自己机会，让自己脱颖而出。

如果你不愿意改变，没有人能帮到你。如果你执意学习，没有人能拦得住你。

好书推荐：《心态》[美] 赖安·戈特弗雷森 / 著

推荐人：阿依西
高级形象管理师，女性成长教练，美学导师，
传播美、分享爱的使者。

我希望我的身心都健康,笑起来美丽自信。

牙疼的人,会认为世界上有一种人最快乐,那就是牙不疼的人。

我相信自助者天助——God help those who help themselves。

好书推荐:《别了,牙科恐惧》景泉 / 著

推荐人:上海牙医鲍斌
让天下没有害怕看牙的朋友。

感恩是把自己的经历看作礼物,给予认可。

拓宽我们的时间跨度的一个好处是,开启一切皆有可能的感知。

一个真正令人满意的过程是我们全身心投入的过程。

好书推荐:《积极希望》[美]乔安娜·梅西、[英]克里斯·约翰斯通 / 著

推荐人:卓然
卓然心理、卓然双语创始人,
亲子关系、阅读教练,三一书苑联合创始人。

让我们随"奶酪"的变化而变化,并且享受变化!

越快放弃旧的奶酪,你就可以越早享用新的奶酪。

及早注意细小的变化,这有助于你适应即将到来的大变化。

好书推荐:《谁动了我的奶酪?》[美]斯宾塞·约翰逊/著

推荐人:桐桐
爱武术、爱美食的快乐小学生。

志不立，天下无可成之事。

未有知而不行者。知而不行，只是未知。

良知还是你的明师。

好书推荐：《致良知是一种伟大的力量》 王阳明 / 著

推荐人：葛旭利

安全财税价值践行者，化育人心的企业家，自在洒脱的生命觉醒者。

心流即一个人完全沉浸在某种活动当中,无视其他事物存在的状态。

创造意义就是把自己的行动整合成一个心流体验,由此建立心灵的秩序。

只要个人目标与宇宙心流汇合,意义的问题也就迎刃而解了。

好书推荐:《心流》[美]米哈里·契克森米哈赖/著

推荐人:江小婉
画家,艺术疗愈师,视频号自然流直播操盘手。

这世界上本没有白走的路,所行之途皆是日后的福祉。

这都与成长经历有关,我们不是偶然成为现在的样子的。

这些工作看似是我在为他人做事,其实是在成就我自己。

好书推荐:《重塑身心》徐珂、金姿言、露娜/主编

推荐人:白子煦
家庭教育指导师,心理咨询师,催眠疗愈师。

关系的本质，是谁制造焦虑，谁容纳焦虑。

精神生命如果有食粮，那它最常见的一个食粮就是意愿的满足。

这种连续感，就是关系的深度，它会给你一种很深、很美妙的感觉。

好书推荐：《深度关系》武志红 / 著

推荐人：海闻
国家二级心理咨询师，心理学硕士，
深度亲子关系指导师，高敏感儿童多向思维导师。

有的人，小时胆小，后来胆越来越大……有的人，少时胆大，长大后胆越来越小……

我们晚熟的人，要用一年的时间干出那些早熟者十年的业绩。

无论多么高的山，也有鸟飞过去；无论多么密的网，也有鱼钻过去。

好书推荐：《晚熟的人》莫言 / 著

推荐人：澜儿
晚熟人俱乐部主理人，心理咨询天赋挖掘师，16年积累上千个成功个案。

耳中常闻逆耳之言，心中常有拂心之事，才是进德修行的砥石。

清能有容，仁能善断，明不伤察，直不过矫，是谓蜜饯不甜、海味不咸，才是懿德。

建功立业者，多虚圆之士；偾事失机者，必执拗之人。

好书推荐：《菜根谭》洪应明/著

推荐人：凯文（Kevin）
书香品读书会创始人，IT 创新人，
上海艺术工作室艺美书香主理人。

"取悦他人"在不同社会、不同文化环境、不同的圈子有不同的含义。

自己的作品无论写成什么样，要贬低的人永远是要贬低的，所以不要辩论……

人再有智慧、再聪明，都可能没有自知之明，因为这是自然规律。

好书推荐：《悲喜同源》陈其钢 / 著

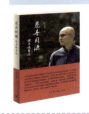

推荐人：许晚墨
独立撰稿人，个人品牌故事撰稿人，
企业文化建设落地导师。

自律有四个原则：推迟满足感、承担责任、忠于事实、保持平衡。

培养某种爱好，是自我滋养的有效手段。要学会自尊自爱，就需要自我滋养。

真正的爱是行动，是一种由意愿而产生的行动。

好书推荐：《少有人走的路》 [美]M. 斯科特·派克 / 著

推荐人：王佳
软装设计师，NLP 执行师，
畅销书《重塑身心》《系统整合》联合作者，
西点师。

绩效 = 关注点 + 心态 + 行为 + 结果 / 目标

和谐是 4-D 系统的着眼点和落脚点，是社会场域 / 第五力的核心价值。

有效转念，靠的是理性……

好书推荐：《高绩效管理》林健、陈韵棋 / 编著

推荐人：吴翠峰
多特儿童专注力前大区运营总监，
中科院心理咨询师，
DISC 认证讲师。

海马体会将信息判定为必要信息,并允许它们进入大脑皮质。

失败之后,重要的不是"后悔",而是"反省"。

老大是方法记忆,老二是知识记忆,老三是经验记忆。

好书推荐:《考试脑科学》[日] 池谷裕二 / 著

推荐人:钟佳灵
高级家庭教育指导师,
青少年心智提升导师,
帆书阅读推广 10 年践行者。

我们的身体在改变世界，与此同时，世界也在改变（塑造）着我们的身体。

行为分析如果不能够用来影响和改变他人的行为，那么，这门学问就失去了生命力。

儿童许多升级的问题行为都有可能是被无意识塑造出来的。

好书推荐：《应用行为分析与儿童行为管理》 郭延庆 / 著

推荐人：周俊辉

菩提树心理创始人，注册行为分析师，用行为分析帮助孩子健康成长。

和善与坚定并行。

积极的"暂停"。

着眼于优点而不是缺点。

好书推荐:《正面管教》[美] 简·尼尔森 / 著

推荐人:刘瑛

《跳跃成长》联合作者,美国正面管教认证讲师,某集团全国培训经理。

孩子的首要目的是追求归属感和价值感。

一个行为不当的孩子,是一个丧失信心的孩子。

最惹人讨厌的孩子,往往是最需要爱的孩子。

好书推荐:《正面管教》[美]简·尼尔森/著

推荐人:黄玉竹
正面管教讲师,用教育赋能百业,
在千城万店打造生态教育环境。

没有界限的生活就像一个没有装门的房子,别人随时都能闯入。

大多痛苦的关系,都源于没有边界感。

培养独立自信的孩子,离不开界限。

好书推荐:《好的爱,有边界》[美]吉祥/著

推荐人:孔英
国家二级建造师,智慧父母12商"公主团"带领人,Chang Life 疗愈读书会带领人。

积极主动的巨大好处之一就是：你可以选择"储蓄"而不是"取款"。

你在抚养子女的同时也在抚养你的孙辈，榜样的力量往往是永久性的。

愤怒使我们陷入麻烦，骄傲使我们难以脱身。

好书推荐：《高效能家庭的7个习惯》[美]史蒂芬·柯维/著

推荐人：小华老师
家媛读书会主理人，帮助家长、孩子共同成长，打造幸福家庭。

人不是"问题",不是"产品",而是具有神秘性、复杂性、不可知性的灵性个体。

要"解扣儿",需要先回到"扣儿"上,顺着扣儿,才可能解开。

而内在的照顾,就是从笑声开始的。大笑,就是最高级的精神营养!

好书推荐:《笑得出来的养育》李一诺 / 著

推荐人:李会敬
敬敬书屋主理人,早起读书,伴你成长;
财智臻联合创始人,财税咨询顾问、讲师。

能滋养彼此关系的，应该是爱而非期待。

无条件养育是最好的抗挫折教育，爱是最好的抗挫折能力。

把倾听当成最好的礼物，赠送给他人，联结彼此，感受情感流动的美。

好书推荐：《在远远的背后带领》安心 / 著

推荐人：刘军莉
家庭教育指导师，婚姻情感咨询师，教育行业从业者。

婚姻是最好的修行道场，也是最能让人原形毕露的领域。

在亲密关系里，看懂对方真正的需求才是解决冲突的绝佳方式。

别人怎样对你，是你教会他的。

好书推荐：《活出你想要的亲密关系》张德芬 / 著

推荐人：方建秋
婚姻家庭咨询师，思维导图讲师，
NLP 执行师，欣怡书坊创始人。

每个人都有独特的天赋和热情，它可以成就超乎想象的我们。

只有我们知道自己能做什么之后，我们才知道自己会成为什么样的人。

未来的教育不应是标准化的，而应该是订制化的。

好书推荐：《让天赋自由》［英］肯·罗宾逊、［美］卢·阿罗尼卡 / 著

推荐人：郑河珍
天赋家庭教育指导师，007全民写作大使，公众号"天赋亲子夸夸"主理人。

自嘲是一种化解的智慧。

接纳自己的不完美,原谅生活的不如意,并去创造人生的意义。

幸福,是我们的自由意志的一种选择。

好书推荐:《幸福力》 杨澜 / 著

推荐人:罗煜棋
幸福的 3 娃妈妈,
瑶妃教育核心运营人员。

让爱融入生活是我毕生的追求——我与他人情意相通、乐于互助。

当我们真诚助人时,我们丰富他人生命的愿望得到了满足。

这样的给予让施者和受者同时受益。

好书推荐:《非暴力沟通》 [美] 马歇尔·卢森堡 / 著

推荐人:林虹利
馨有福心理创始人,心理咨询师,
幸福导师,情绪疗愈师。

爱上阅读,孩子才真正赢在起跑线。

阅读让精神变得丰盈,让内心变得从容,让思想变得富有。

让家庭溢满书香,让阅读成为受益终身的习惯。

好书推荐:《读出学习力》 红英 / 著

推荐人:红英

畅销书作家,红英读书会创始人,践行亲子阅读30年,陪伴孩子从小爱上读书。

我们无法成为完美的人,但我们可以成为更好的人。

愿你成为自己的太阳,无须凭借谁的光芒。

当你开始依靠自己的力量时,才发现自己远比想象中还要强大。

好书推荐:《从内耗到自洽》李涵 / 编著

推荐人:廖婷
婷婷育礼女性成长平台创始人,
国际高级注册礼仪培训师。

安位有三个要点：位置、顺序与性质。

怎么让一个人成为君子呢？"静以修身，俭以养德"。

婚姻美满需要两个因素：第一是志同道合，第二是互补性。

好书推荐：《夫妇和睦与教子之道》孙一乃 / 著

推荐人：宋慧芳
社群运营创富教练，绘本阅读指导师，
高级沙龙商业策划师。

"自我"的声音之所以让我们反应激烈,是因为它根植于恐惧之上。

只有充满觉知,我们才能帮助孩子成长为最真实的自己。

我们的任务是巩固他们天生的觉醒意识,为它提供可以开花结果的土壤。

好书推荐:《家庭的觉醒》[美]沙法丽·萨巴瑞/著

推荐人:耿秀梅
帆书家庭教育指导师,曾经的陪读妈妈,"真善美"的践行者。

底层逻辑：父母和孩子的本心都是好的。

父母的职责：保护孩子的身心安全，做孩子情感的守护者。

趣味非常重要，这一点怎么强调都不过分。

好书推荐：《看见孩子》［美］贝姬·肯尼迪 / 著

推荐人：建能 Can
教养家主理人，家庭成长赋能教练，
高级家庭教育指导师。

天下古今之庸人，皆以一惰字致败；天下古今之才人，皆以一傲字致败。

欲去骄字，总以不轻非笑人为第一义；欲去惰字，总以不晏起为第一义。

居家之道，惟崇俭可以长久，处乱世尤以戒奢侈为要义。

好书推荐：《成事》冯唐 / 著

推荐人：王元
高级家庭教育指导师，高考志愿规划师，《金句之书》荐书官。

事实是，爱你的孩子和能与孩子产生情感共鸣是完全不同的。

"致命缺陷"不是一个真正的缺陷，但它是一种真实的感受。

请记住：每个人都需要并且有权利去享乐，你和别人一样都有这个权利。

好书推荐：《被忽视的孩子》[美]乔尼丝·韦布、[美]克里斯蒂娜·穆塞洛 / 著

推荐人：尹观玥

创业大学生，已为149名心理师提供就业机会，打通心理师从培养到就业的闭环。

青春期孩子并非一定逆反。

父母是人而不是神。

不可避免的亲子冲突：谁应该赢。

好书推荐：《父母效能训练》［美］托马斯·戈登 / 著

推荐人：赵芙蓉
学乐汇心理及漫学书苑主理人，心际迷宫传播者，《读书会创始人》联合作者。

"提问"将成为每个人的基础技能。

移动互联网是效率革命,而 AI 引发的将是思维革命。

与其努力成为一个完美的家长,不如做一个有特色的家长。

好书推荐:《超级 AI 与未来教育》 李骏翼 等 / 著

推荐人:潘璆
可能女人创始人,心派教育策划人,
家庭教育讲师,多本畅销书的联合作者。

养育青春期子女的关键就是能与他们合作。

孩子能有多少改变，取决于你能改变多少。

每个人在生活中都需要一个啦啦队队长——一个相信他的人。

好书推荐：《与青春期和解》[美] 凯文·莱曼/著

推荐人：赵锦绣

儿童情商高级指导师，绘画心理分析师，暖心教育创始人。

要想成全一个生命……光有爱的意愿是不够的，还需要我们拥有爱的能力……

当孩子在情绪中时，父母可以接纳陪伴，但是不要去干扰孩子……

生命最早期的胎儿和婴儿阶段是建立孩子一生安全感的根基，绝不容忽视。

好书推荐：《启动孩子的生命力》孟丹梅 / 著

推荐人：刘洋
新妈妈月子生活规划师，家庭教育指导师，育儿先育己践行者。

父母对孩子信任度的大小，决定了孩子的能力大小。

所以，犯错就是引导孩子去实践自我醒悟的第三种力量。

我们的改变，就是要用自己的变化去影响更多的人发生改变。

好书推荐：《父母的格局》黄静洁 / 著

推荐人：米雪
商业演讲教练，家庭教育指导师，
个人及团队成长教练。

好的亲子关系，从好的亲子观念开始。

"我爱你"对孩子其实很重要。

放下压力，轻松的家长更可爱。

好书推荐：《李中莹亲子关系全面技巧》李中莹/著

推荐人：林美美
国际注册亲子教师，"四步八法概括力"原创课程版权人，家庭教育讲师。

一个孩子曾经被对待的方式，会成为他未来对待别人的方式。

看见并满足孩子的内在需求，才是改变孩子行为最有效的方法之一。

孩子不是你口中的孩子，但他会变成你口中的孩子。

好书推荐：《告别吼叫，让孩子自动自发成长》黄导 / 著

推荐人：卢颖
家庭教育指导师，国家心理咨询师。
6 年抑郁症自愈者，有 12 年内在成长经验。

体现在孩子身上的一切因果,都是家长自己种下的。

所有人最好的生活状态,都是保持终身学习。

只有经历这个过程,孩子才会见天地,见众生,进而见自己。

好书推荐:《做从容的父母》 尹烨 / 著

推荐人:罗丹
英语启蒙规划师,高级家庭教育指导师,
印心疗愈师,度假规划师。

任何事业的成功都无法弥补婚姻家庭的失败……一个孩子胜过百套房子！

遛娃的男人是一道 5A 级风景线。做老板是一时的，做老爸是一生的。

儿女是宝贵的产业，一生的年日，当同你所爱的妻快活度日！

好书推荐：《爱上做父亲》 柯洛平 / 著

推荐人：柯洛平
天使投资人，早起奇迹训练营创办人，《爱上做父亲》的作者。

我再次提醒自己,每一个经历黑暗时期的孩子都有希望。

任何关于自伤的谈话都需要带着真正的共情,谨慎地进行。

这需要一种敢说"我能处理好这件事"的勇气。

好书推荐:《折翼的精灵》[澳]米歇尔·米切尔/著

推荐人:开心
畅销书出品人,人称"心理界李子柒",
国家二级心理咨询师,亲子养育教练。

走出误区，真正的挫折教育是给予足够的爱、理解与鼓励。

遇到一件不如意的事情时，我们通常有两个努力的方向。

其实每个"错误"的空隙都隐藏着细碎的闪光点。

好书推荐：《精准回应》 杨杰 / 著

推荐人：书香墨丽

高级亲子教育指导师，教龄 20 余年的资深英语教师，三一书苑联合创始人。

好父母是要学习的,教育孩子要先自我成长。

人生有三件事不能等:孝顺父母不能等、教育孩子不能等、自我成长不能等。

不是孩子出现的问题太多,是父母的教育方法太少。

好书推荐:《觉醒的父母》王俊峰 / 著

推荐人:石开
家庭教育指导师,
中华传统文化(蒙经)高级讲师。

家庭生活是我们学习情绪的第一个学校。

父母应该对行为划定界限，而对情绪和愿望则全部包容。

给孩子一个好的社区环境。

好书推荐：《培养高情商的孩子》[美]约翰·戈特曼、[美]琼·德克莱尔/著

推荐人：杨雪
情商教练，国家二级心理咨询师，青少年学习动力指导师。

最伟大、最重要的人际关系，就是婚姻。

你必须舍弃自己，才能找到自己。

单身的人若不能平衡而明智地看待婚姻，就不能过好单身生活。

好书推荐：《婚姻的意义》[美]提摩太·凯勒、[美]凯西·凯勒 / 著

推荐人：吴笛
国家二级心理咨询师，
国家二级婚姻家庭咨询师。

第一条标准——和善与坚定并行——是正面管教的基石。

一定要把爱的信息传递给孩子。

你的态度、意图以及方式,是成功的关键。

好书推荐:《正面管教》[美]简·尼尔森/著

推荐人:艺能

资深行政人事经理,《写作重塑人生》联合作者,天禹破亿发售合伙人。

只有我们真正与孩子共情，才会打动孩子的内心。

不要希望凡事都能"立竿见影"。要接纳和回应孩子的感受，而不是给出建议。

真正的倾听并不容易，需要我们集中精力，而不是仅仅给个简单回应。

好书推荐：《如何说孩子才会听，怎么听孩子才肯说》
[美]阿黛尔·法伯、[美]伊莱恩·玛兹丽施 / 著

推荐人：暮雨兰舟
职场打工人。

父母与孩子的互动方式会成为他们构筑未来生活的蓝纸。

只有在我们独自面对情绪的时候，情绪才是可怕的。

孩子发脾气的背后总有某个未被满足的愿望。

好书推荐：《看见孩子》[美]贝姬·肯尼迪/著

推荐人：刘芮言
资深网络游戏策划人，自由撰稿人，
AI落地陪跑者，用AI赋能家庭教育，促进亲子成长。

一个人从他被投进这个世界的那一刻起，就要对自己的一切负责。

世界上最重要的事就是认识自我。

一个明智的人总是抓住机遇，把它变成美好的未来。

好书推荐：《哈佛家训》斗南 / 主编

推荐人：曾建荣（心心）
高级家庭教育指导师，高级正念幸福教练，《睡个好觉》联合作者，《读点金句》荐书官。

回应人生答案的,是个体独特的创造力。

任何事都有不同的可能,不要当作理所当然,要自己去寻求答案。

每件事情都可以有另外的样貌,每个人都可以做不同的选择。

好书推荐:《倾听生命故事与叙说的疗愈力》 曾端真 / 著

推荐人:欧阳艳(大欧)
青少年心理咨询师,阅读疗愈师,
国际鼓励咨询师。

我们能留给孩子的传世遗产只有两样：一个是根，一个是翅膀。

文化和社会可以给家庭造成广泛且深远的影响。

有时候，家庭神话会让一个家庭形成自己的"格言"。

好书推荐：《经营幸福的家》[美]伊莱恩·卡尼·吉布森/著

推荐人：晏美
新余祥运物流公司负责人，
翻转课堂导师。

早年的亲子互动是孩子构筑未来生活的蓝纸。

如果父母愿意改变，孩子的脑回路就会发生改变。

改变的关键在于学会容忍心里涌起的内疚或羞愧。

好书推荐：《看见孩子》[美]贝姬·肯尼迪/著

推荐人：向阳而生
IT 工程师，IT 咨询师，
关注个人成长、育儿、运动。

有难度的问题才是好问题。

只要搞清楚问题是什么,解决问题就是小菜一碟。

我们永远没有足够的时间把事情做好,但永远有足够的时间重新来过。

好书推荐:《你的灯亮着吗》[美]唐纳德·C.高斯、[美]杰拉尔德·M.温伯格 / 著

推荐人:刘东

"问题分析与解决"版权课资深讲师,咨询顾问,创新方法论专家。

关键词越清晰、越具体，AI 的回答越容易符合提问者的预期。

想要进行好的指令式提问，可以多积累好的提问结构……

好的关键词提问通常是清晰、具体、明确的。

好书推荐：《秒懂 AI 提问》秋叶 等 / 著

推荐人：金天野

AI 实战应用高级培训师，全域营销推广顾问，辟谷健康受益分享人。

自我领导力是任何人在成长过程中首先需要追求的。

"心胜",就是对目标的坚信和笃定,这是迈向真正胜利的关键第一步。

真正优秀的人才从不缺"饭碗"。

好书推荐:《人才基因》朱岩梅 / 著

推荐人:乔慧萍
HR 管理咨询顾问,《金句之书》荐书官,《读点金句》编委会成员及荐书官。

教练将人们的潜能释放出来，帮助他们达到最佳状态。

教练的根本和持续的目标都是帮助他人建立自信。

唯一能够限制你的是目光短浅和自我设限！

好书推荐：《高绩效教练》［英］约翰·惠特默／著

推荐人：胡丽娅
天赋解读师，生涯规划咨询师，
高级家庭教育指导师，健康生活方式倡导者。

特立独行没问题，但你得有真本事，让自己做到很难被替代。

打造智慧型 IP，重点是活得好、做得好、教得好、卖得好。

人这一辈子，最重要的产品，是你自己。

好书推荐：《明智创富指南》李海峰 / 主编

推荐人：七哥
小红书创业者，个人成长教练，
《读点金句》编委会成员及荐书官。

高认知的人的交流，是利益，是价值交换。

你每一秒的认知改变、见解改变，都是在更新你分享的内容。

因为做深，才能洞悉客户价值。

好书推荐：《人人都需要的销售演讲力》周宇霖 / 著

推荐人：唐豹豹
AI 商业演讲教练，知识 IP 操盘手，豹豹读书会主理人，营销咨询顾问。

带着优势切趋势,才不会在风口过后掉下来。

不要"找工作",而是要"卖自己"。

自由职业就是通过用自己的独特优势解决别人的问题来获利。

好书推荐:《不上班咖啡馆》 古典 / 著

推荐人:瀚海沉冰
私域成交教练,南京大学 MBA,
有 10 余年多家世界五百强公司销售管理经验。

做确定的事,应对不确定的未来。

给选择加上期限,给行动设定原则。

未来是一种回忆,回忆里清晰的画面是行动指引。

好书推荐:《时间复利》剑飞 / 著

推荐人:明韬
《语写高手》《时间合伙人》联合作者,
时间记录践行者。

你尽管去做正确的事,剩下的交予天命。

真正的自由来自内心的无畏,而不是外界的许可。

只要找到自己的路,无论何时都不晚。

好书推荐:《自由人生》 李海峰、钱洁 / 主编

推荐人:彬彬
《金句之书》及《读点金句》荐书官,
裂变操盘手,模特。

向上学,向下帮,是个人高效发展的核心法则。

用好自己的天赋优势,与这个世界充分共赢。

做好时间管理,最重要的有三件事:一是立长志;二是持长戒;三是交良友。

好书推荐:《明智创富指南》 李海峰 / 主编

推荐人:白兰鸽
记者,生命成长教练,
小红书读写讲博主。

创业从找到好问题开始。

每个渴望降低风险的创业者都必须非常了解反脆弱的精神。

与其让十万个人都说不错,不如让一百个人尖叫。

好书推荐:《低风险创业》樊登 / 著

推荐人:欧阳丽辰
全媒体运营师,教育自媒体博主,
丽辰悦读荟创始人,《读点金句》荐书官。

商业的本质是创造价值。

如果理念无法升级，那么IP就无法走得更远。

战略思维就是要拨开迷雾看本质。

好书推荐：《创始人IP打造7字要诀》王一九/著

推荐人：陈禹铭
妈妈宅商创业顾问，
女性生命能量教练。

变化的时代，不断折腾和前进才是最大的稳定。

在你现在已知的选项里，可能根本就没有适合你的正确答案。

你的人生，不过是你曾专注的所有事情的总和。

好书推荐：《职业重塑》廖舒祺 / 著

推荐人：黄露

畅销书出品人，IP 操盘手，生涯发展咨询师，熟记圆周率小数点后 200 位数字的医药人。

我们不能选择命运,但可以选择用自我进化来改变命运!

独善其身不如成就他人。

活出赢的人生、赢的状态的第一条:认识自己,改变自己。

好书推荐:《逆风飞翔》程不困、安吉小丽娜、王小芳/主编

推荐人:易浩荣
财产保险顾问,保险合同仲裁员,
沟通、销售陪伴顾问。

创造价值，取得共识，获得资源，强化竞争力，构建生存的优势。

产品价值 = 功能价值 + 情绪价值 + 资产价值

在商业社会，人们用付费来表达认同。

好书推荐：《真需求》梁宁 / 著

推荐人：睿姐
知识 IP 操盘手，
小红书 IP 打造商业顾问。

企业家最大的挑战:重塑你自己。

诚意,有时胜过企业营销计划。

你在发展,你的人也需要发展。

好书推荐:《将心注入》[美]霍华德·舒尔茨、[美]多莉·琼斯·扬/著

推荐人:韩颖
带着音乐旅行的生命体验者,
媒体记者,心理疗愈师,旅行规划师。

把"知人"与"善任"有效结合在一起,这就构成了领导力的主体内容。

无优无劣是特点,有优有劣因环境,分辨优劣靠敏感,扬长避短是能力。

庸人并不一无是处,只要放对位置,庸人也能变能人。

好书推荐:《领导力》李海峰 / 著

推荐人:刘金山
DISC 行为风格认证讲师与顾问、
《协同共生态》内部资料主编。

用动态股权的分配机制保障财富分配的公平性。

股权是企业的核心资源，决定着掌控权。

股权架构被看作"悬崖上开出的花"，美到摄人心魄，却又时刻让人战战兢兢。

好书推荐：《人人都是股权架构师》王吉 / 著

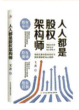

推荐人：张丽锋
文旅行业 HR 兼运营人员，有 20 年工作经验，还从事过跨界国际贸易。

唤醒生涯意识，寻见真实自我，探索职业世界和规划职业生涯。

对于价值观的每一次确认和持续实践，才使得我们拥有深刻的定见……

点线面体是个战略框架，定义什么是点和体取决于你的视野有多宽广。

好书推荐：《职业生涯规划实战体验手册》何霞、方慧 / 编著

推荐人：麦麦
职业生涯教练，《职业生涯规划实战体验手册》《哲思2025》视频插画师。

人不在于开始了多少件事，而在于完美地结束了多少件事。

一个人首先要做好自己的本职工作，而不是到处帮别人忙。

当遇到困境时，我们首先应该慢下来，斩断厄运链。

好书推荐：《格局》吴军 / 著

推荐人：汪盼盼
身心灵个人品牌商业顾问，
大笑瑜伽疗愈师。

转型就是"带着优势切趋势"。

不要"找工作",而是要"卖自己"。

到了三十多岁,年龄不是价值,专业不是壁垒,公司不是家。

好书推荐:《不上班咖啡馆》古典 / 著

推荐人:轻悦
高效阅读教练,短文写作达人。

学习是人生的头等大事。

求己内外双得,求人内外双失。

你根本不用战胜这座山,你只要战胜自己,就上了这座山。

好书推荐:《了凡生意经》亲仁书屋 / 编

推荐人:唐均花
爱学习、爱运动、爱演讲,
家庭教育指导师。

定位就是一个购买理由,这是定位最直白的表述。

心智只会记住大脑里已有的品牌。

只有一个品相,才更容易打入消费者的心智。

好书推荐:《定位就是聊个天》顾均辉 / 著

推荐人:恩慈
圈外 IP 操盘手,家庭教育指导师,
心理学爱好者,终身学习、成长的人。

自觉；觉他。粉碎知见，彻底开放，如实观照，精确行动。

释放设计内在的文化力量，用视觉手法来解读并加以风格化的表现。

学到老设计到老，设计到老学到老。

好书推荐：《设计法则100》王绍强／编著

推荐人：查云云
本原广告设计工作室主理人，
寿险规划师，高能生命实践家。

PPT 设计 = 演绎逻辑（Point）设计 + 视觉呈现（Power）设计

PPT 设计从本质来看，设计的是一场符合观众审美的逻辑演绎。

如果把演绎 PPT 当作播放一场电影，演讲者就是这场电影的导演。

好书推荐：《超越》 陈韵棋 / 主编

推荐人：潘洋
PPT 全案策划专家（文案、设计、演讲），专注于商业路演和参赛演讲 PPT 策划。

工作中没有柔情可言，和谐都是斗争出来的。

一个人有多大胸怀，就有多大的舞台，就能干多大事业。

有人的地方就有江湖，有江湖的地方就有博弈。

好书推荐：《董明珠》 张绛 / 著

推荐人：胡叶琴
工程造价师，早冥读写跑践行者。

想要创业创富,就要解决3大问题:产品、流量和销售。

打造个人品牌必备的3大能力:学习能力、输出能力、销售能力。

你的客户,就在别人的付费社群里。

好书推荐:《创业创富》 劳家进、夏聪 / 著

推荐人:刘斌
短视频创作达人。

其实每个人身上都有 D、I、S、C 四种不同类型的特质，只是比例不同而已。

为了在团队中形成更大的影响力，你就必须有能力调整自己。

绩效表现 = 你的能力 + 正面的教练 − 别人的干扰

好书推荐：《领导力》李海峰 / 著

推荐人：李耀
多本畅销书联合作者，
保险服务生态系统构建领航者，
风险管理事务所联合创始人。

经营个人品牌,是一辈子的事情。

爱护自己的身体,爱护自己的家人,这是做正事。

做一个有诚意的人,诚意 = 成本。

好书推荐:《明智创富指南》李海峰 / 主编

推荐人:天使姐姐
10 余年公益人,栀澜古法中医践行者,畅销书《跳跃成长》联合作者。

做好时间管理，最重要的有三件事：一是立长志；二是持长戒；三是交良友。

人生有限，若是不懂"少则得，多则惑"的道理，我们很难逃离平庸。

为改变付费，而不是为知识付费。

好书推荐：《明智创富指南》李海峰 / 主编

推荐人：上树先生
全民写作大使，
影响 70 余人写作创富、跑步修行。

但是精深练习不是一碟小菜,它需要精力、激情和投入。

任何领域的任何专家都要经过 10000 小时专心致志的练习。

髓鞘质越厚,绝缘性就越强,我们的动作和思维就越发精确和敏捷。

好书推荐:《一万小时天才理论》[美]丹尼尔·科伊尔/著

推荐人:杨风
终身学习者,
专注于打通私域卡点。

我喜欢住在有香气的房子里,因为好气味,预示着好心情。

把跑步当作"每日维生素",每跑出一步都带给你满满元气。

始终坚持做自己喜欢且擅长的事……

好书推荐:《日日滋养》周一妍 / 著

推荐人:小猫梦想家
美天悦读创始人,
复旦理财师。

是以圣人处无为之事，行不言之教。

上善若水。水善利万物而不争，处众人之所恶，故几于道。

夫唯不争，故天下莫能与之争。

好书推荐：《道德经》 老子 / 著

推荐人：小玉
传统文化传播者，
中医爱好者。

无论个人和国家,都有梦想,我们的行动多少都依照梦想而行事。

生活的最高典型终究应属子思所倡导的中庸生活……

怎样消遣这五六十年天赋给他的光阴。

好书推荐:《生活的艺术》 林语堂 / 著

推荐人:云晞

花田慧画馆主理人,云晞美育研创人,国际动漫协会会员。

现在我又要说故事了,这是我的强项。

当社会面目全非之后,我们还能认识自己吗?

还有什么词汇比想象更加迷人?我很难找到。

好书推荐:《我们生活在巨大的差距里》 余华 / 著

推荐人:青溪
青溪成长社社长。

别让色彩替你说反话,喜欢的颜色一定代表你的内心,理性的色彩是冷静的。

养眼是人类的普遍追求,心动是色彩的魅力所在。

先识罗裳后识人,你的美丽无极限。

好书推荐:《美丽三重奏》程成/著

推荐人:张天骋(Sky)
资深明星服装造型顾问,
DISC 认证讲师,
个人品牌商业创新顾问。

人法地，地法天，天法道，道法自然。

知足不辱，知止不殆，可以长久。

合抱之木，生于毫末；九层之台，起于累土；千里之行，始于足下。

好书推荐：《道德经》老子 / 著

推荐人：李焱
某四大会计师事务所会计师，
跨文化沟通教练，北大毕业，
欧美大学商科双硕士，《自由人生》联合作者。

生命并非短暂，而是我们把它变得短暂。

我们必须明白，困境来源于自身，而不是周围的环境。

只有当一个人不会再失去的时候，这种状态才是最幸福的。

好书推荐：《论生命之短暂》[古罗马]塞涅卡 / 著

推荐人：草君
学院派人像摄影师，养植物达人，
深度阅读爱好者。

人，不一定要多伟大，才值得学习。

任何事，有因就有果；看到了因，也就知道了果。

修身以利行。修身以秋实。

好书推荐：《心若菩提》曹德旺 / 著

推荐人：曹教授
美思轻养女性轻创业平台创始人，
北大博雅特聘客座教授，女性健康教育专家。

生命是自己的,把时间花在健康上是最划算的投资。

努力改变身体,进而改变命运。

活着,就要时时刻刻想着让自己强大起来。

好书推荐:《求医不如求己》 中里巴人 / 著

推荐人:卢蔚青(记暖)
爱中医的瑜伽教练,时间管理践行者,
非暴力沟通与丰盈生命语言倡导者。

维护身体健康的良方就在每个人的身上,那就是经络和穴位。

经络和穴位是人体的随身药囊,是养生、治病的捷径。

经络是人体通内达外的一个联络系统。

好书推荐:《从头到脚的经络穴位疏通》许卓/主编

推荐人:唐秀女
中医经络高级调理师。

修复细胞损伤的唯一原料：食物中的营养素。

防治慢病吃什么：35% 动物类食物 + 65% 植物类食物。

防治慢病怎么吃：注重结构型营养素和营养密度。

好书推荐：《你是你吃出来的》夏萌 / 著

推荐人：刘美
高级健康管理师，体重管理师，
木婉清创始人毛毛姐的徒弟。

前进的秘诀是开始行动。

想改变命运,从改变认知开始。

真正的自由来自内心的无畏,而不是外界的许可。

好书推荐:《自由人生》 李海峰、钱洁 / 主编

推荐人:千百合
畅销书出品人,独立投资人,
健康生活方式传播者。

所有疗法都应在我们"感觉舒畅"的范围内进行，决不可勉强自己。

我们的心态会对身体产生巨大的影响。

只要每天制造一次空腹状态，就能帮助我们远离疾病，治愈疾病。

好书推荐：《空腹力》[日]石原结实 / 著

推荐人：王笑
林肯大学金氏医学研究院副院长，
善护念书院中医项目创始人。

睡眠是一种能力,需要主动练习。

正念练习对大脑的功能和结构都能产生显著影响。

用正念的力量来梳理"一分学、九分练"的理论。

好书推荐:《睡个好觉》李海峰、戴瑞娜/主编

推荐人:悦平
族豪研习社创始人,
科学睡眠教练,畅销书出品人。

只要你遵循 5×5×5 计划，那么 95% 的食物选择依然是健康的。

食物是一种武器，可以激活身体天然的健康防御系统。

战胜疾病最有效的方法是预防疾病。

好书推荐：《吃出自愈力》 [美]威廉·李/著

推荐人：彩霞
10000多位老年人居家适老化改造师，
个人成长教练，健康管理师。

损伤——修复——原料——营养素,我认为未来世界上会有无数的人来研究这九个字。

这九个字里蕴含着我们人体的大道。

很多人痛恨脂肪,因为脂肪的堆积破坏了人体的曲线美。

好书推荐:《失传的营养学》 王涛 / 著

推荐人:星星
汉合养生平台创始人,
健康管理师,
万人团队领跑者。

健康饮食、坚持锻炼和服用高品质的营养补充品。

我们身体的每个细胞里都有一种称为线粒体的熔炉。

营养补充能加强这个天然的防御系统,从而保证我们的健康。

好书推荐:《别让不懂营养学的医生害了你》
[美]雷·D.斯全德/著

推荐人:詹妮
公共营养师,高级形象管理师,
助您由内而外拥抱健康美丽,迈入创业旅程!

灵魂的另一叫法是良心。只有一个人可以真正评价您的良心：您自己。

我们来到地球是为了我们灵魂的成长和圆满。

通往圆满生命的自我精进只有一个期限：生命的最后时刻。

好书推荐：《我决定要活120岁》 李一指 / 著

推荐人：何秋媚
一个热爱生活、喜欢艺术、支持环保、追求生命体验的银行从业者。

我们今天的食物已经不能给我们提供充足而均衡的营养了……

大脑的微循环最丰富,高血脂引起大脑微循环障碍,造成脑缺氧。

肝是人体最重要的解毒器官……

好书推荐:《失传的营养学》 王涛 / 著

推荐人:天一秦工
汉合养生平台创始人,万人团队领跑者,
安利全球创办人营销总监。

在外不让身体过度劳累，在内不让思想有过多的忧虑，以恬静快乐为根本……

四季不同的养生方法，即春生、夏长、秋收、冬藏。

盛极必衰，寒邪太盛，就会郁而发热。

好书推荐：《黄帝内经全集》肖建喜/主编

推荐人：景景
美容护肤行业 20 年从业者。

疾病的一半是心理疾病，健康的一半是心理健康。

情绪干扰免疫系统，引发各种疾病。

细胞是最忠实的记录者，它会储存下我们所经历的一切情绪记忆。

好书推荐：《心转病移》 包丰源/著

推荐人：孔玉泇
体检报告解读师，可提前3—5年预防重大疾病，国家高级心理咨询师。

通过练习睡觉，我们可以扩展出练习睡得更好的能力……

我们都把睡觉这个词念错了，睡觉应该念睡觉（jué）。既是睡，又是觉（jué）。

我发现，原来睡觉这件事情不仅仅是睡，更重要的是唤醒。

好书推荐：《睡觉》梁冬 / 著

推荐人：缪欣茵
有 23 年教龄的一线钢琴老师，
也是一位家庭营养师，爱学习，爱养生！

当我们死去时，灵魂是我们唯一可以带走的东西。

通往圆满生命的自我精进只有一个期限：生命的最后时刻。

改善你的健康，回馈社会，找到生活的意义和觉醒，永远不会太晚。

好书推荐：《我决定要活120岁》 李一指 / 著

推荐人：王琦
美国太极绿州创始人，东方传统文化国际传播者，和谐智慧践行者。

你不能把一个朋友卖掉,在另一个地方购买一个新的朋友。

在漫长的人生中,你有建造大教堂的潜力,而不是建造购物中心。

玩乐与你所做的事情无关,而与你如何去做事情有关。

好书推荐:《百岁人生》[英]琳达·格拉顿、[英]安德鲁·斯科特/著

推荐人:李艳

有 26 年家庭财务规划经验、28 年旅行移民从业经验,担任过 8 年健康身材管理教练。

小儿的生理特点主要表现在脏腑娇嫩、形气未充和生机蓬勃、发育迅速两方面。

小儿推拿手法操作基本要求：均匀、柔和、平稳，从而达到深透的治疗目的。

揉脐、揉龟尾、推七节骨。

好书推荐：《图解小儿推拿》谭涛、高爽/主编

推荐人：廖婕节
中医全科主治医师，
胡庆余堂食养膏代理。

随着寿命的延长,我们将面临一个比少儿期还要长的老龄期。

你要为自己做设计,为自己的养老金做准备。

我们要坚定地告诉父母:"有我们在,不要为自己的老年生活担心。"

好书推荐:《安心老去》李佳/编著

推荐人:春哥
提钱养老读书会主理人,畅销书《读书会创始人》联合作者,国际注册理财师(RFP)。

你越年轻,就越有可能活得更长。

人们的寿命更长了,但出生率却越来越低。

70 岁或 80 岁时的我,会赞成我今天所做的决定吗?

好书推荐:《百岁人生》[英]琳达·格拉顿、[英]安德鲁·斯科特/著

推荐人:董熔彦
国际注册理财师(RFP),
少儿财商教育指导师,
家庭教育指导师。

我们必须学会好好和手头拥有的金钱打交道，这样才有资格得到更多。

要把精力始终集中在你知道的、能做到的和拥有的东西上。

一旦有了什么计划，我一定要在 72 小时之内行动起来。

好书推荐：《小狗钱钱》［德］博多·舍费尔／著

推荐人：万轲
高级会计师，理财规划师，亲子财商教练。

把自己产品化。

财富就是在你睡觉时也可以帮你赚钱的资产。

运用专长,结合杠杆效应,最终,你的才华和努力会得到相应的回报。

好书推荐:《纳瓦尔宝典》[美]埃里克·乔根森/著

推荐人:刘爽
全国首批独立理财顾问(IFA)之一,
少儿财商主理人,读书会创始人,主持人。

你的收入，只能增加到你最愿意做到的程度！

你管理金钱的习惯，比你拥有的钱财数目更重要。

有钱人了解，成功的顺序是：成为→去做→拥有。

好书推荐：《有钱人和你想的不一样》[美]哈维·艾克/著

推荐人：伍荣

湖南大学会计学硕士，家庭财务规划师，幼儿财商启蒙指导师。

注意力是你唯一可以随意调用且能有所产出的资源。

注意力＞时间＞金钱

朋友就是那些我愿意花时间和精力与之共同做成至少一件事的人。

好书推荐：《财富自由之路》李笑来 / 著

推荐人：许多爸
投资人，30 岁实现财务自由，
北大时间管理教练，视频号直播变现教练。

唯有激发出自己的潜能，才能拥有富足的生活。

财富不可能凭空而来，而是努力开拓出来的。

任何时候，行动都是第一重要的。

好书推荐：《用钱赚钱》品墨 / 编著

推荐人：小兰（Amy）
1990 年出生的，会英语、日语、粤语的女生。
自由职业者，语言爱好者，高级健康管理师。

问：关于写书，第一原则是什么？答：写我所做，写我所信。

做好时间管理，最重要的有三件事：一是立长志；二是持长戒；三是交良友。

我们说"近者悦，远者来"，离你最近的是谁？是你自己啊！

好书推荐：《明智创富指南》李海峰 / 主编

推荐人：金涛
社群运营赋能三力体系创建人，掘藏赋能师。

无论出生于何处,你都会更加长寿。

只有人生本身是好的,更长的预期寿命才是一件好事。

在一个以上的领域成为专家,就不是一件令人望而却步的事……

好书推荐:《百岁人生》[英]琳达·格拉顿、[英]安德鲁·斯科特/著

推荐人:郑钱
独立理财顾问(IFA),
认证养老规划师(CPP),
重疾风险管理师(高级),终身成长践行者。

事业合伙人管理，首先是事业管理，其次才是合伙人管理。

事业合伙人管理方法论就是遵循外部有效性和内部一致性原则……

事业合伙人管理的对象分别是"创业合伙人""营销合伙人""生态合伙人"。

好书推荐：《事业合伙人管理》李青山、耿冬梅/著

推荐人：华芝
温州源大集团创始人，
战略人才资本研究员。

成功只垂青那些充满成功意识的人。

自己是命运的主人,是心灵的舵手。

任何成就一番伟业的人都有破釜沉舟的毅力和勇气!

好书推荐:《思考致富》[美]拿破仑·希尔/著

推荐人:Florence Gao
IT 专业人士,投资爱好者。

你的收入,只能增加到你最愿意做到的程度!

天下没有所谓的"有钱的受害者"这回事!

领导者赚的钱远远多于跟随者!

好书推荐:《有钱人和你想的不一样》[美]哈维·艾克/著

推荐人:覃卯
曾任普华永道咨询师,
家庭财务规划管家,财富流教练。

只有当天赋能带来财富,它才能称得上是天富。

财富 = 价值 × 杠杆 × 时间

施与受同样有福。

好书推荐:《富而喜悦》唐乾九/著

推荐人:盛晓琪

"富而喜悦"落地实践营发起人,
"明日之星"扎根陪跑计划发起人。

金钱并不邪恶,以善良的意愿拥有金钱,是一种平和心态的体现……

要学会发现自己的天赋,而且要抓紧一切时间去工作,用你的天赋去赚钱。

感恩你拥有的一切,接受你没有得到的一切,创造你想要的一切。

好书推荐:《富爸爸的财富花园》[美]约翰·索福里克/著

推荐人:伊夏
全息天赋疗愈师,天赋创富导师,
金钱灵气疗愈师,水晶疗愈师(高级)。

如果你眼里只有钱,人就会走;如果你眼里只有人,人就会帮你赚钱。

把我要如何成交你变成我要如何成就你。

把商业变成善业,你的商业会越做越大。

好书推荐:《和财富做朋友》余荣荣 / 著

推荐人:YUYU(桐妈)
金钱关系咨询师,
人类图天赋解读师,
高级家庭教育指导师。

"尝试"纯粹是一种借口,你还没有做,就已经给自己想好了退路。

在遇到困难的时候,仍然要坚持自己的想法。

决定一件东西价值多少的唯一因素就是,你愿意为它支付多少钱。

好书推荐:《小狗钱钱》[德]博多·舍费尔/著

推荐人:邱昕怡
中学班长,社交达人。

你既得盯住庄家的黑手,也得盯住衙门的快刀。

我尚没拿起,谈何放下?

你让我们都赚到了钱,这才是本质。

好书推荐:《遥远的救世主》 豆豆/著

推荐人:龙麟私董会
开源节流,降本增效,
专业高效,稳定盈利。

我们最宝贵的金融资产就是赚钱的能力。

人生本来就是高度互赖的……

思想决定行动，行动决定习惯，习惯决定品德，品德决定命运。

好书推荐：《高效能人士的七个习惯》[美] 史蒂芬·柯维 / 著

推荐人：汪燕
畅销书出品人，美国金融理财专家，
奢活艺术海外会所馆长。

这本书就是在你追逐金钱的路途上想想方向与方法的驿站。

人和人之间的金钱关系就可以决定以后关系的亲疏远近。

如果这些不确定的事成为现实，那么就会产生金钱的缺口……

好书推荐：《聚散皆有道》薛桢梁／著

推荐人：郭晓燕
美国百万圆桌奖会员（MDRT），
保险金信托规划师，独立理财顾问，
养老规划师，小低高无伤跑辅导员。

财富不能只有钱，而一定要有资产。只有拥有资产，财富才能开始增长。

选择，是提升效率的最短路径。

把收益按照现在的利率水平固定下来。

好书推荐：《财富增长》王朝薇 / 著

推荐人：王淑掌
独立理财顾问（IFA），
保险从业者，真诚、善良、靠谱。

敢于冒险，敢于花钱，这样你才能让你的钱变得更多。

对生命发生的一切说"是"，寻找那些带给你温暖和滋养的事物。

记住，你有权利享受你的生活，得到真正的富足和自由。

好书推荐：《对财富说是》[澳] 奥南朵 / 著

推荐人：阿蔡老师
创富教练，创业导师，中小学提分教练，
带领团队已帮助 1000 名学生提分。

因为金钱的价值是不断改变的,这是一种运动,任何运动的事物就是能量。

敢于冒险,敢于花钱,这样你才能让你的钱变得更多。

记住,你有权利享受你的生活,得到真正的富足和自由。

好书推荐:《对财富说是》[澳] 奥南朵 / 著

推荐人:程斌
G20 峰会优秀个人,
桐庐首届工匠,竹笔非遗传承人,
杭州市百姓学习之星。

如果人生中没有任何事情出岔子的话,你的人生也许平顺,却也寡淡无趣。

成功者从来不会拒绝挑战,即使身处困境,也会坦然接受。

对生命发生的一切说"是",寻找那些带给你温暖和滋养的事物。

好书推荐:《对财富说是》[澳]奥南朵/著

推荐人:肖丽平
20 年房地产资深销售,
带领团队卖了上万套房子。

今天的暂时的妥协，即酝酿着明天的更大的战争。

然而全局性的东西，不能脱离局部而独立，全局是由它的一切局部构成的。

主动地位不是空想的，而是具体的，物质的。

好书推荐：《毛泽东选集（第一卷）》毛泽东 / 著

推荐人：阿霞
建筑行业高级工程师，
有 2 年新媒体运营经验，终身学习者。

牛市生于悲欢，长于怀疑，成于乐观，死于狂热。

在投资里，代价最昂贵的一句话是："这次情况有所不同。"

如果你想比大众拥有更好的表现，行事就必须有异于大众。

好书推荐：《逆向投资》[美]劳伦·C. 邓普顿、[美]斯科特·菲利普斯/著

推荐人：胡雅琦
私募基金合伙人。